数学王国奇遇记

纸上魔方 / 编著

我与数学形影不离

山东人民出版社
全国百佳图书出版单位 国家一级出版社

图书在版编目（CIP）数据

数学王国奇遇记 . 我与数学形影不离 / 纸上魔方编著 . 一 济南：山东人民出版社，2014.5（2025.1 重印）
ISBN 978-7-209-06397-5

Ⅰ . ①数… Ⅱ . ①纸… Ⅲ . ①数学－少儿读物 Ⅳ . ① O1-49

中国版本图书馆 CIP 数据核字 (2014) 第 028593 号

责任编辑：王 路

我与数学形影不离

纸上魔方 编著

山东出版传媒股份有限公司
山东人民出版社出版发行

社 址：济南市英雄山路 165 号 邮 编：250002
网 址：http://www.sd-book.com.cn
推广部：（0531）82098025 82098029

新华书店经销
三河市腾飞印务有限公司印装

规 格 16 开（170mm×240mm）
印 张 8
字 数 120 千字
版 次 2014 年 5 月第 1 版
印 次 2025 年 1 月第 6 次
ISBN 978-7-209-06397-5
定 价 29.80 元

如有质量问题，请与出版社推广部联系调换。

目　录

第一章

数学概念篇

最简单的数学

当小朋友听到"数学"这个词的时候，是不是觉得它很神秘呢？其实啊，生活中处处离不开数学，处处都有数学。在现实生活中，人们总是在不知不觉地运用着数学。只不过有时候问题比较简单，所以大家往往不会重视。

举一个例子，假如你和妈妈一起去超市买东西，看到一种饼干，有大袋和小袋两种包装，一小袋重 200 克，价格是 2 元，一大袋重 1 000 克，价格是 9.5 元。那么买哪一种更实惠呢？这也是数学的简单应用，我们可以分别求出每克饼干的价格来进行比较。

小袋包装，每克饼干的价格是 2÷200=0.01 元；大袋包装，每克饼干的价格是 9.5÷1 000=0.009 5 元。因为 0.01 > 0.009 5，所以大袋包装的饼干更实惠。当然，还可以用其他方法比较。比如：5 小袋的重量等于 1 大袋的重量，买 5 小袋需要 2×5=10 元，而买 1 大袋只要 9.5 元，所以大袋装的饼干更实惠。

这些只是生活中最简单的问题，现实生活中还有很多很复杂的问题，都需要通过数学来解决。以后小朋友还会学习更多、更复杂的数学知识，那时候你们就能解决更多、更复杂的问题了。现在我们抛开课本，去瞧一瞧生活里的数学是不是更有趣。

数字很重要！

　　我们在生活中总是要用到数字：买东西要看看自己买了多少，做作业要知道自己做了多少道题，上学的路上要知道自己走了多长时间，这些都离不开数字。这些数字可不是从石头缝里蹦出来的，而是我们的祖先在不断的生活实践中得来的，是生活给了我们祖先灵感。

　　古时候，人们早晨出发放羊的时候，会在树干上划几道痕迹，每道痕迹就代表一只羊。晚上，他们牧羊回来，就把每一只羊和树上的一条痕迹相配。用这样的方法，人们就能知道羊的数量是多了还是少了。

说到阿拉伯数字，你一定会认为这是阿拉伯人创造的。其实这是个误会，阿拉伯数字最早是由印度人发明的。大约7世纪时，这种数字传到了阿拉伯国家。12世纪初，由于阿拉伯人到欧洲去做生意，才把这十个数字带到了欧洲，欧洲人又将其现代化。正是由于阿拉伯人的传播，这种数字才最终被国际通用，所以人们便称这种数字为阿拉伯数字。后来大家弄清楚了事实真相，便称它为印度阿拉伯数字。但人们在习惯上还是称它为阿拉伯数字。

可是这样，人们依旧不知道具体的数目。于是人们就开始用堆聚石子的方式来表示数字，也就是先把石子依照手指的个数分成许多小堆，每堆有十个石子，这样就可以计算超过十的数了。

这些都是人们在生活中用来帮助自己计数的方式，聪明的人还需要更加先进的方式来计数，所以他们就发明了划痕结合数石头的方式，用划痕来表示石头的数量，一个就划一道，两个就划两道，这样最初的数字就形成了。如果没有生活中的采集、放牧等活动，人们根本不可能意识到数字的重要性。所以说，是生活创造了数字。

数字不仅
能用来记数哦！

　　《摇啊摇，摇到外婆桥》是一首流传已久的童谣。虽然时代变迁，但海内外华人仍在传诵着它。不久前，在澳大利亚的悉尼，一份华人办的中文报纸上，就刊出了类似的儿歌。它写得浅显、优美，听起来就像是催眠曲，又像是一首独特的数字歌："摇啊摇，摇啊摇，摇到外婆桥，外婆夸我好宝宝。糖一包，果二包，三只栗，四颗枣，五个手指紧紧抓。又有饼，又有糕，吃了糕饼上

学校。一二三四五六七，七六五四三二一。"你看，这首儿歌里大部分都是数字，而且数字不光会唱歌，它还有很多本事呢。

小朋友大都背过古诗，尤其是数字古诗，内容浅显，意境深远，深受小朋友们的喜爱。先来看看我们比较熟悉的一首诗："一去二三里，烟村四五家。亭台六七座，八九十枝花。"这首古诗穿插应用了"一、二、三、四、五、六、七、八、九、十"这十个数字，而且是按照从小到大的顺序排列，一点也不乱，生动地表现了恬静平和的田园风光，读起来也朗朗上口。小朋友记性好，读过两三遍，就能牢牢记住了。

这样的数字古诗，小朋友可能会背许多，像清代画家、"扬州八怪"之一的郑板桥所作的《咏雪诗》也极富代表性："一片二片三四片，五六七八九十片。千片万片无数片，飞入梅花总不见。"

我们再来听一个故事：孔乙己改数字。

过去浙江绍兴有个穷秀才，叫孔乙己。有一天，他走在街上，看到点心店门口的招牌上写着"一文钱一个元宵"。孔乙己摸摸自己的口袋，里面正好只有一文钱，可是这一个元宵怎么吃得饱呢？于

007

是他拿起毛笔，在"一文钱一个元宵"的第二个"一"字上添了一笔，变成了"一文钱十个元宵"。之后，孔乙己拿出口袋里的一文钱，店伙计看看招牌，无话可说，就给他盛了十个元宵。

后来，老板知道了，非常生气，要孔乙己赔钱。孔乙己笑眯眯地说："如果我把'一'字改成'千'字，你岂不是亏得更大了吗？"没办法，老板只好自认倒霉，以后写数字也学会用大写了。可见汉字中的数字"一、二、三……"确实有容易被涂改的缺点，所以，在经商记账、签合同、开发票时，必须用"壹、贰、叁……"来代替。人民币上就印着这类数字，它们是不能被简化的。

小朋友看到了吧，数字在生活中不光能够计数，它还多才多艺呢。

巧算数字

六一儿童节，学校组织同学们去电影院看电影，同学们都很高兴。到了电影院，大家就开始找自己的座位。在找座位的过程中，小辉发现了一个平时没注意到的问题：每一排都比前面一排多出一个座位。为什么要做成这样呢？小辉很好奇，就去问老师。老师告诉他，这样做是为了把前后排的座位错开，以免观众的视线被挡住。老师又让小辉数了一下第一排的座位数和总的排数。小辉数完以后，告诉老师一共有 18 排，第一排有 20 个座位，然后老师告诉他，最后一排有 37 个座位。小辉觉得很奇怪，就去数了一下最后一排的座位，果然是 37 个。小朋友，你知道老师是怎么知道的吗？

也许会有小朋友问：老师是不是早就知道最后一排有 37 个座位啊？其实不是，老师是用数学知识算出来的。第一排有 20 个座位，以后每排多 1 个，第二排就有 21 个，第三排就有 22 个，一共有 18 排，那么最后一排就比第一排多 18-1=17 个，所以最后一排就是 20+17=37 个座位。我们把各排的座位数写成一列，就会发现这列数有这样一个特点：后面的数总比它前面的数大 1。

这就是数学中的等差数列。

等差数列就是一列数，除了第一个数以外，每一个数都比与它相邻的前一个数大一个固定值，也就是后一个数减前一个数的差相同，所以叫等差数列。对于等差数列，如果知道数列中某一个数的大小以及相邻两个数之差，就可以求出每一个数的大小，还能算出数列中连续几个数之和。

过节的时候，人们常常在广场上摆鲜花做装饰，为了好看，人们把花盆摆成各种图形。如果摆成一个三角形，第1排摆1盆花，以后每排比前一排多2盆，一共摆10排，那么第10排需要摆多少盆花？总共需要摆多少盆花？第1排1盆，以后每排多2盆，那么第10排就会比第1排多摆（10−1）×2＝18盆，第10排就摆18＋1＝19盆。如果要算总共摆多少，只需要按前面所讲的办法，把10排分成两组，前5排为一组，后5排为一组，对应加起来，第1排加上第10排，第2排加上第9排……每一组都等于1＋19＝20，一共就是5个20，总共需要摆20×5＝100盆花。

等差数列在生活中很常见。最常见的自然数就构成了一个等差数列，每个数都比前一个数大1。以自然数1到100为例，这个数列就是1到100这100个数，那么这100个数的和是多少呢？这是一个等差数列求和的问题。我们可以这样算：把100个数分成2组，1到50为一组，50到100为一组，然后把两组对应的数相加，得到1＋100＝101，2＋99＝101，3＋98＝101，……，49＋52＝101，50＋51＝101。一共50组，每组的和都是101，那么全部求和就是101×50＝5 050。

无处不在的圆形

　　有很多数学家都非常喜欢圆形，因为他们觉得圆形是所有的平面图形中最完美的一种。虽然正方形已经是非常完美的图形了，但是它在圆面前就抬不起头来了。圆绕着圆心，无论怎么旋转，都会与自己重合，而且经过圆心的任何一条直线都是它的对称轴。圆的这些特殊性质，决定了它在生活中会发挥很大的作用。

　　小朋友观察一下周围的物品，就会发现许许多多的圆形。我们平常用的水杯的横截面就是圆形的。其实水杯也可以做成其他形状，比如正方体、长方体等。但是，如果让它们装相同体积的水，圆柱形的水杯用的材料最少。所以，人们为了节省材料，最大程度发挥材料的

作用，就把水杯做成圆柱形。另外，圆柱形的水杯也便于我们拿在手中。

走在路上的时候，仔细观察生活的小朋友会发现马路上的井盖几乎都是圆的。这是为什么呢？做成其他形状的，比如正方形、长方形不好吗？有人这样回答这个问题："盖子下面的洞是圆的，盖子当然也是圆的了！"真的是这样的吗？

其实下水道洞口被做成圆形，是因为只要盖子的直径稍微大于井口的直径，那么盖子被颠起来再掉下去的时候，它都是掉不到井里的。那如果做成正方形或者长方形的井盖，会出现什么情况呢？假设一辆快速驶来的汽车撞击井盖，将其撞到空中。盖子

掉下来的时候，无论是长方形还是正方形，都有可能沿着长方形或正方形的对角线掉到井中。因为正方形的对角线长度是边长的一倍多，长方形的对角线也大于任意一边的边长，只有圆的任意一条直径是相同的。圆形的盖子是无论如何都掉不到井中的。假设有天晚上，一个人不小心把井盖子踢起来，井口开了，人也掉进去了，再加上盖子也跟着掉下去，以致头上有重重的盖子，脚下有臭气熏天的污水，这个人就难免会受伤，甚至会有生命危险。

除此之外，井盖下面的洞口是圆形的，也利于工人们下去检查和维修管道。在挖井的时候，圆形也是最容易挖成的。圆形的洞口必然使得整个管道成为一个圆柱形，这样的管道埋在地下，所受到的压力也比其他的形状承受的压力要小一些。

所以，我们的生活是离不开圆形的。

世界上最大的数字是什么?

　　小朋友，在数学课上，我们学会了数数，从 0 开始，数到 99 之后就是百位数了，百位数过后就是千位数了，千位数之后是万，接着数下去就是十万、百万、千万了。那后面还有什么呢? 这个时候，就有一个新的单位出现了，它就是"亿"。那么"1 亿"有多大，你能说清楚吗?

　　现在请你来计算一下，假如有 1 亿粒大米让你来数，如果 1 秒钟能数 1 粒大米，那么 1 分钟就可以数 60 粒大米，1 小时可以数 3 600 粒大米。如果 1 天数 8 个小时，中间不休息，也不做其他事，一刻不停地数，可以数出 28 800 粒大米。这样不停地数下去，要多长时间才能数完 1 亿粒大米呢? 要接近 10 年的时间。

　　又如，假定每个人的身高都是 160 厘米，把 1 亿人的身高加起来有多长呢? 你可以算一下，1 亿人的身高之和就有 16 000 000 000 厘米，合 160 000 000 米，就是 160 000 千米。我们知道，地球的赤道长约 40 000 千米，那么 1 亿人身高之和就大约能将地球缠绕 4 圈。

　　再举个例子，10 张纸叠起来厚 1 毫米，世界第一高峰——珠穆朗玛峰高约 8 844 米。两者相比，10 张纸的厚度真是太微不足道了。可是，把 1 亿张纸叠起来，奇迹就会出现在你眼前——1 亿张纸叠起来高达约 10 000 米，比世界上最高的山还要高。

那么，有没有比亿还大的单位呢？有。千亿、万亿都比亿大。那么有没有一个最大的数字呢？肯定有小朋友会说，1 万亿最大，那么一万亿零一肯定就比 1 万亿大了。实际上，无论你想出什么数字，只要把这个数字加 1，就出现了一个新的数字，而这个数字肯定比小朋友刚刚说的数字要大。

所以说，这个世界上没有最大的数字，数字是无限的。小朋友，你知道了吗？

该用多少布呢?

　　小华家里刚刚买了一台 55 英寸的彩色电视机,爸爸把它摆到了电视桌上。小华非常高兴,以后就有大电视看了。爸爸交给小华一个任务,让他负责电视机的清洁工作。小华很高兴地接受了这个任务,每天都把电视机仔仔细细地擦一遍。有一天,小华突然想到了一个办法:要是拿布做一个罩子,不看电视的时候把它套在电视机上,就可以避免灰尘了。小华把这个想法告诉爸爸,爸爸夸奖了小华,然后问他:"该用多少布呢?"小朋友,你能帮小华回答这个问题吗?

　　其实,这里边是有数学知识的。小朋友想一想,电视机罩的作用其实就是把电视机的每个面都盖起来。那么算出电视机每个面的面积,然后加起来,就是要用的布的面积了。而这个面积之和,就叫作电视机的表面积。一个几何体的表面积,就是它的所有面的面积之和。比如说小朋友的文具盒,上下前后有四个长方形,左右有两个长方

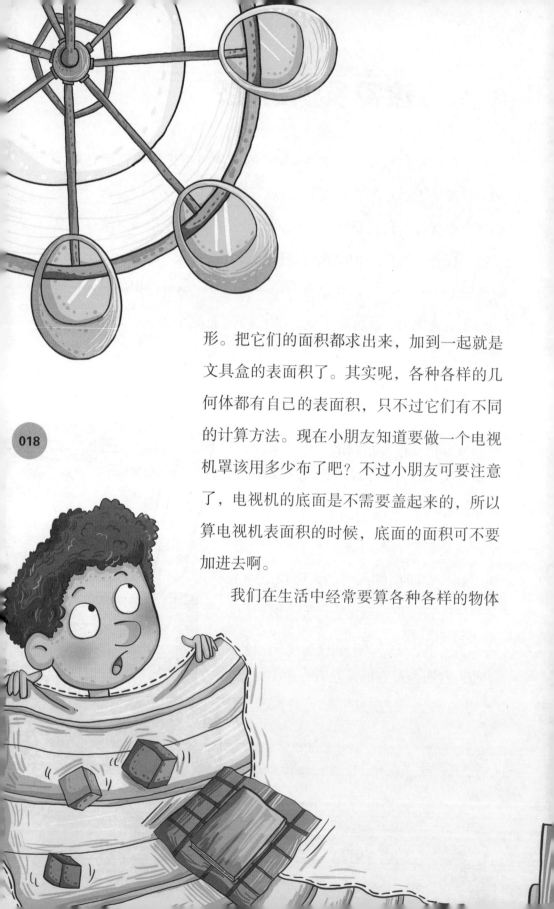

形。把它们的面积都求出来，加到一起就是文具盒的表面积了。其实呢，各种各样的几何体都有自己的表面积，只不过它们有不同的计算方法。现在小朋友知道要做一个电视机罩该用多少布了吧？不过小朋友可要注意了，电视机的底面是不需要盖起来的，所以算电视机表面积的时候，底面的面积可不要加进去啊。

我们在生活中经常要算各种各样的物体

表面积。生活中比较常见的是长方体，比如箱子、橡皮等。小朋友一定会算长方体的表面积，因为长方体的每个面都是长方形。小朋友在领到新书的时候，经常会给书包一层书皮，来保护书不受到损害。其实，书皮的大小就是根据书的表面积做出来的，这样包出来的书皮才会大小合适。生活中除了规则的长方体，还有一类常见的几何体，那就是球。小朋友想一想，一个足球的表面积该如何算呢？其实，球的表面积是要用到专门公式的。小朋友可以找一个坏了的足球，然后把它拆开，展成一个平面，这样，小朋友用以前学过的知识，就很容易求出足球的表面积了。足球是由一块块五边形和六边形的皮革缝到一起的，工人叔叔们先算出足球的表面积，然后根据五边形和六边形的面积，就可以决定应该用多少块五边形和六边形的皮革了。

除了这些规则的图形外，还有一些很复杂的几何体，比如说我们的身体。裁缝给小朋友做衣服的时候，也需要知道小朋友身体的表面积有多大，然后决定该用多少布。裁缝一般会量一下小朋友的身高和肩宽，然后近似地按照长方体的表面积来计算所需的布料，最后总会剩下一些布料。

小朋友，现在你明白什么是表面积了吗？

时间的来历

现在的人们在表达时间时，都有明确的概念。可是在远古时代，人们只有"过去""现在""未来"这些模糊的时间概念。而现在，就连小朋友都知道有"日""月""年"的区别，那么这种区别到底是怎么来的呢？这就要数学家来解答了。

人类对于时间的认识，起源于对天数的计算。起初人们日出而作，日落而息，日复一日，不断循环。所以，人们就把日出到日落的时间段算作一天，当然这与我们现在所讲的"一天"的概念还是有些不同的。

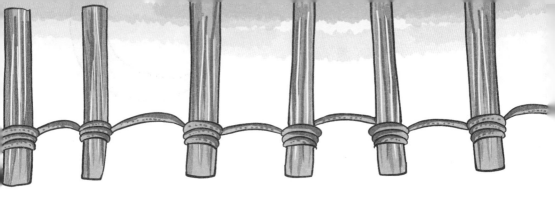

夜晚的时候，人们看到月亮从圆形变成弯弯的月牙，从中受到启发，发现这种变化的循环正是衡量时间的一个很好的尺度。于是，人们便把这一次月圆到下一次月圆的时间段算作一个"月"。

后来，人们又注意到季节的变化也是有规律的，春回大地，夏日炎炎，秋高气爽，寒冬腊月，都是周而复始循环出现的。人们逐渐懂得了季节与农时的关系，知道了什么时候该种庄稼，什么时候该收获。于是，人们便把季节变化的一个周期算作一个时间单位，这样便产生了"年"。

但是，在相当长的时间里，人们并没有把年、月、日相互联

太阳的升起和落下被我们看作是一天的标志，而太阳的起落是因为地球在不停地进行着自转，所以真正意义上的一天应该是地球自转一周所用的时间，而这个时间经过科学家的严格测定，是23小时56分4秒。地球上的一年其实就是地球围绕着太阳转了一整圈的时间，这个时间约是365天6小时9分10秒。

系起来。后来，古巴比伦的祭司制订了一种历法，规定一年为12个月，其中有的月份是29天，有的则为30天。这样就把年、月、日联系起来了，这是一个很大的进步。不过这种制度也有缺点。因为按照这样的计算方法，一年的天数要比实际时间少几天。原来最冷的冬天在12月，结果按这样循环下去，大约经过12年，冬天就跑到10月中旬去了，月份与季节出现了脱节的现象。为了弥补这样的缺陷，祭司们决定每过若干年以后，将其中一年规定为13个月，这便是"闰年"的产生。

而在16世纪，教皇格里高利听从了天文学家的意见，重新修改历法，让日期同季节的变化重新协调起来，同时规定了年份的计算方法，这套历法就成为我们现在通用的历法。

"零"的意义

零，表示"没有"的意思。例如，人们为一件事情付出许多劳动，但最终毫无收获，所以有的时候人们会说："我忙了半天，等于零。"人们还常说"一切从零开始"，表示要谦虚谨慎，不满足于已有的成绩。其实，零不仅表示没有，它的内涵也是很丰富的。

在生活中，"零头"表示整数后面凑不够整数的部分。例如"一千零三""一年零三天""两点零五分""零食""零钱""零活"等。显然，这些词里面的"零"都不是"没有"的意思。

在数学中，零首先表示没有，这是大家所熟悉的，但也不完全表示没有。近似数12.0中的0有它特殊的意义，它表示小数12.0精确到了0.1。从近似数的观点来看，12.0与12有不同的含义，12只精确到个位，它的精确程度要比12.0低。温度是0度，这时不能说"没有温度",而是指0度这个特定的温度。

在电视里,我们都看过发射人造卫星的壮观场面,随着发射时间越来越近,人们的心情也越来越紧张。突然,从扩音器里传来了总指挥下达的发射口令:9,8,7,6,5,4,3,2,1,0。"0"一出现,顿时火光照耀,浓烟滚滚。随着一声惊天动地的巨响,火箭吐着长长的火舌徐徐上升。这种倒序数数和显示时间数值的方法,叫倒数计时。现代火箭、导弹的发射都是采用这种倒数计时发射程序的。在这里,"0"表示"发射"的口令。

多少人同天出生？

一天，上课铃响后，数学老师走进教室说："同学们，今天我们请一位数学家来给我们讲讲概率的知识，大家欢迎。"数学家在大家的掌声中开始了讲课。他说："同学们，虽然我是第一次来你们班，但是我几乎可以肯定，在你们班这40个同学里，至少有两个同学的生日是相同的。"同学们听了都很惊讶，老师统计了一下，竟然真的有两个同学的生日是同一天。数学家为什么这么有把握呢？

其实数学家这么说是有根据的。要直接计算40个人中至少有两个人生日相同的概率，是比较困难的。但是算出40个人的生日全部不相同的概率很容易，之后我们用1减去这个概率就是40个人中至少有两个人生日相同的概率了。下面我们来看看40个人的生日都不同的概率应该怎么计算。

40

概率
！！！

其实很简单。我们先来计算 40 个人生日都不相同的概率。第一个同学的生日，可以是 365 天里的任意一天。第二个同学呢，为了不和前一个同学的生日相同，在一年 365 天里就只有 364 种选择了，也就是说他的生日与第一位同学不同的概率是 364÷365，依此类推，后面同学的生日选取分别是 363 种、362 种、361 种……那么 40 个同学的生日都不相同的概率就是（364÷365）×(363÷365)×(362÷365)×(361÷365)×…×(326÷365)，结果大约是 10%，所以，40 个人中至少有两个人生日相同的概率是 1−10%=90%，这个概率已经很高了。因此那个数学家才会说，40 个人的班级里至少有两个同学的生日是同一天。

小朋友看明白了吗？小朋友完全可以利用上面的例子来表演一个科学小节目。如果刚来到一个新的班级，你完全可以很有把握地宣布："我们班级里很可能有两个同学的生日是同一天。"相信其他的小朋友一定会惊讶地发现，你的说法真的正确。

第二章

数学妙用篇

妙用乘法口诀表

在日常生活中，我们经常会遇到这样的现象：几个人同时去买东西，有的人能根据商品的数量和每件商品的价格，很快地说出商品的总价。这是为什么呢？原来他们掌握了乘法口诀的秘密。如果你也能掌握乘法口诀的秘密，那你在解决类似问题时，也能做到又准又快。好了，就让我们一起来探索乘法口诀的秘密吧！

王老师给了小明50元钱，让他去商店买奖品。小明买了5本同样的故事书，可是在回学校的路上，小明不小心把发票弄丢

了，他只记得这些书花了 30 多元钱。那小明应该退给王老师多少钱呢？你知道每本故事书多少钱吗？

这个时候就需要乘法口诀来帮忙了，小明买了 5 本书，花了 30 多元钱，那么根据乘法口诀表"五六三十，五七三十五，五八四十"，我们很容易得出：每本书 7 元钱，小明需要退给老师 15 元钱。

在日常生活中，我们经常要分东西，怎样才能把一堆东西平均分配呢？这个时候，我们需要用除法来帮忙。那么除法该怎么算呢？可能大家会有很多办法，通过比较我们会发现，用乘法口诀求商的办法比较简便。那我们就在实际应用中看一看吧。

妈妈买了 12 个桃子，准备放在盘子里给客人吃。每个盘子里只能放 3 个桃子，那么我们一共需要多少个盘子呢？如果我们牢记乘法口诀的话，就会立刻想到"三四一十二"，所以用除法解决这个问题的时候也要用到乘法口诀：12÷3=4。答案就是要用 4 个盘子。

看到了吧，生活里有很多地方需要乘法和除法，小朋友一定要牢记乘法口诀表，做个数学小能手哟。

加减乘除的计算顺序

前面学过了一些数学知识，小朋友应该知道：数学里面的基本运算就是加减乘除这四种。单独的加法、减法、乘法、除法，小朋友可能都知道怎么算。要是一个算式里既有加法又有乘法，我们又该怎样去处理呢？不要急，我们先来看看生活中的几个小例子。

1.小明去文具店买了 5 本练习本，每本练习本 5 角钱；他又买了 3 支铅笔，每支铅笔 2 角钱。小明一共付了多少钱？

2.小王妈妈到菜场买菜，她买了 2 斤青菜、5 斤带鱼，青菜每斤 2 元钱，带鱼每斤 8 元钱。小王妈妈花了多少钱？

030

3.小华到食品店买了 3 块蛋糕，每块蛋糕 3 元钱；她又买了 3 个面包，每个面包 2

元钱。小华一共花了多少钱？

这几个问题都是要先算出每样东西的钱，然后再把几样东西的钱加起来，就是总共要付的钱。我们计算的时候应该是这样的：

1. 先算买练习本的钱：5×5=25角。再算买铅笔的钱：2×3=6角。然后算一共付的钱：25+6=31角。也就是说小明一共要付3元1角钱。

2. 先算买青菜的钱：2×2=4元。再算买带鱼的钱：8×5=40元。然后算一共花的钱：4+40=44元，就是说小王妈妈花了 44 元钱。

3.先算买蛋糕的钱：3×3=9元。再算买面包的钱：2×3=6元。然后再算一共花的钱：9+6=15元，就是说小华一共花了15元钱。

在日常生活中，我们经常会遇到买不同的东西算总价的问题，像上面的三个例子。买相同数量的不同东西算总价的问题，则较少遇到。所以大多数时候，我们还是需要先算乘法和除法。这些生活里的小例子给我们学习数学提供了一个清晰的思路：当我们在同一个算式中遇到加减乘除的时候，我们要先算乘法和除法，再算加法和减法，即"先乘除，后加减"。小朋友，你要是再碰到这样的题目，就想一想上文中的小例子吧，这样你一定会记得更牢固。

"龟兔赛跑" 中的数学

    小朋友都听说过 "龟兔赛跑" 的故事吧？这个故事告诉我们：要向乌龟学习，一步一个脚印地向前走。在听这个故事时，不知道你想没想过这样一个问题：如果兔子没有睡很久，在乌龟还没到终点的时候，兔子就醒了，它看到乌龟爬过留下的痕迹，发现乌龟已经超过它了，就加速追赶乌龟。这时乌龟已经在兔子前面 200 米了，如果兔子跑的速度是每分钟 12 米，而乌龟爬行的速度只有每分钟 2 米。那么兔子要经过多长时间才可以追上乌龟呢？想一想，你能回答这个问题吗？

    这虽然只是一个童话故事，但是在日常生活中这种问题非常

普遍。小朋友可以利用所学的数学知识，认真动动脑筋，其实是很容易得到答案的。兔子每分钟能跑 12 米，而乌龟每分钟只能跑 2 米，那么兔子每分钟就可以比乌龟多跑 12-2=10 米，也就是说兔子每分钟可以追上乌龟 10 米，那么只需要经过 200÷10=20 分钟，兔子就可以追上乌龟了。这就是数学上常见的追及问题：两个运动的物体相距一定的距离，速度快的在后面，速度慢的在前面，速度快的追速度慢的。对于这种问题，我们只要算出两个物体的速度之差，然后用相距的路程除以速度差就可以得到需要的追及时间。

　　生活中的追及问题随处可见，小朋友也会经常遇到。你可能遇到过这种情况：在上学的路上看到一个同学走在你前面，你叫他等你，可是他却没有听见。所以你就跑步，想追上他，这就是一个典型的追及问题。假设你看到他的时候他在你前面 100 米的地方，他走路的速度是每秒 1 米，你跑步的速度是每秒 5 米，那么你需要多长时间才可以追上他呢？首先，算出你和他的速度

差 5−1=4 米，然后用路程除以速度差，就可以得到追及时间：100÷4=25 秒。

　　小朋友可以接着想想，如果走在前面的同学听到你叫他，站在原地等你，那你用多长时间可以追上他？如果你跑了 50 米以后，他发现你在追他，于是停下来等你，那你总共用多长时间可以追上他？这两个问题就比较简单，用路程除以你的速度就可以了，只不过第二个问题里要减去你已经跑过的 50 米路程。追及问题是数学中的经典问题，我们不光可以在上学、放学的路上碰到，在铁路、高速公路上都会有这样的问题。在铁路上，因为火车都是运行在铁轨上，那么运行在同一条铁轨上的两列火车就需要计算一下速度，看看后一列火车能以什么速度追上前面的火车，此时得出的速度就是后面那列火车的警戒线，后面的列车一定不能超过警戒线，否则就会有追尾的危险。

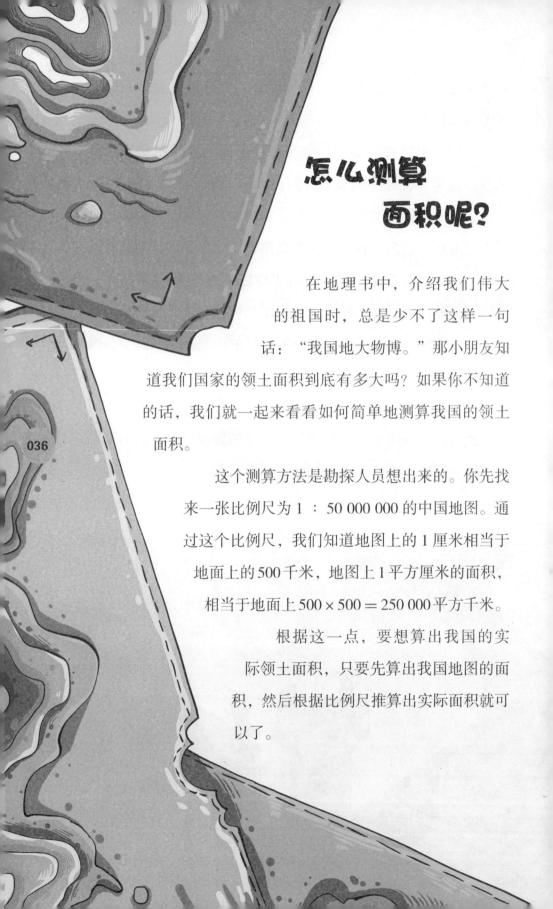

怎么测算面积呢？

在地理书中，介绍我们伟大的祖国时，总是少不了这样一句话："我国地大物博。"那小朋友知道我们国家的领土面积到底有多大吗？如果你不知道的话，我们就一起来看看如何简单地测算我国的领土面积。

这个测算方法是勘探人员想出来的。你先找来一张比例尺为 1 : 50 000 000 的中国地图。通过这个比例尺，我们知道地图上的 1 厘米相当于地面上的 500 千米，地图上 1 平方厘米的面积，相当于地面上 500 × 500 = 250 000 平方千米。

根据这一点，要想算出我国的实际领土面积，只要先算出我国地图的面积，然后根据比例尺推算出实际面积就可以了。

请你找一块透明的塑料或纸，在塑料（纸）上每隔一定的距离就点上整齐的小点点。要注意，任何相邻两点之间的距离都是1厘米。这个很整齐的"格点"，就成为我们计算地图面积的工具。

下面，我们把塑料（纸）放在地图上，数一数有多少格点落到了图形内，图形的面积就是多少平方厘米。当然，用这种方法算出的地图面积也只是近似值，是有误差的。为了减少误差，可以把塑料（纸）换一个角度，重新数一遍。这样重复多数几次，然后取它们的平均值，就能够得到较准确的结果。

妙分油，巧称象

　　生活中常常有一些表面上看起来不能完成的事情，比如说不用秤，你能不能想到办法把油平均分成两份呢？

　　这个故事是这样的：有两个人一起给别人干活，赚到了一桶油，重10斤。两人想平分这10斤油，可惜他们没有秤，不能称重。只有一个可以装7斤油的罐和一个可以装3斤油的葫芦。

　　那么究竟应该怎么做呢？小朋友可以先自己想一想，想不出来的话再让我来告诉你。

我们可以这样做：先把桶里的油倒进葫芦里，这样葫芦里就装满了 3 斤油，桶里还剩 7 斤油。再把葫芦里的 3 斤油倒进罐里，然后把桶里的油倒进葫芦里，这样，桶里还剩 4 斤油，葫芦和罐里各有 3 斤油。接下来，再把葫芦里的油倒进罐里，桶中的油倒进葫芦里，这时桶里还剩 1 斤油，罐里有 6 斤油，葫芦里有 3 斤油。再用葫芦里的油把罐装满，这样葫芦里还剩 2 斤油。把罐里的油全部倒进桶里，把葫芦里剩的 2 斤油倒进罐里，这样桶里有 8 斤油，罐里有 2 斤油。我们用桶里的 8 斤油把葫芦装满就还剩下 5 斤油，最后把葫芦里的 3 斤油倒进罐里，罐里也是 5 斤油。这样，就平分了 10 斤油。

　　生活中肯定还有一些像这样的小问题，比如说如何利用 1 升水和一把尺子测量一个玻璃瓶到底能装多少水。从表面上看，尺子是用来测量长度的，而能装多少水是一个容积问题，怎么能用尺子来测量呢？实际上也是可以的。我们可以利用数学上

讲的容积公式，对于圆柱形容器，它的容积和高度成正比，所以我们可以把 1 升水倒进容器，用尺子量出水的高度，再量出整个容器的高度，用整个容器的高度除以 1 升水的高度，就可以得出容器能装多少升水。

　　小朋友应该听说过"曹冲称象"的故事吧。请你想想，是不是和这个故事差不多呢？两个问题都需要用数学知识来解决。当我们在生活中遇到一些小问题时，如果多动脑想想，往往就能利用数学知识解决。这就是数学的魅力所在了。

袜子和拳头

当你逛百货商场路过袜子柜台，常常可以发现人们在挑选袜子时，除了挑式样、花色、质料外，有的人还用自己的拳头量袜子（把袜子绕自己的拳头一周），你知道这是为什么吗？

原来，在长期的实践中，人们发现人体有些部位的尺寸存在着有趣的对应关系。如一个人的拳头的一周大约是自己脚的尺寸，这就是买袜子时要用拳头去量的道理。除此以外，人体上还有不少有趣的尺寸对应关系，如两臂平伸的长度约等于身高，手腕周长的 2 倍约等于颈围，颈围的 2 倍约等于腰围，脚长的 7 倍约等于身高等等。人体的尺寸对应，不仅有趣奇妙，甚至还有重要的实际应用价值。量拳头一周看看袜子的大小是否适合自己穿是一个例子，以此联想到公安部门侦破案件根据作案者脚印判断其身高，也

是一个应用的例子。从数学角度来看，这就是所谓的"相关"。

在我国，作为流通货币的人民币是人们最熟悉不过的东西了。人们每天都要和它打交道，用它购买自己所需要的东西，但许多人在使用它时，却很少思考人民币为什么只有几种面值，现在的人民币只有 1 角、5 角、1 元、5 元、10 元、20 元、50 元、100 元。为什么人民币的面值只有这几种数字呢？为什么没有从 1 到 9 面值的人民币呢？其实在之前，人民币有 2 角、2 元这种面额，但是现在为什么没有了呢？

这里有一个数学道理。人民币作为一种流通货币，银行在发行时就希望货币的面额品种尽量少，又能容易地组成 1—9 这九个数字，这样既可减少流通中的烦琐，又可顺利完成货币的使命。而 1、2、5 是符合以上两个要求的最佳选择之一。因为用 1、2、5 组成 10 以内的数，除了 1、2、5 本身以外，其他数目最多只用 3 个。如：1+2=3，2+2=4，5+1=6，5+2=7，5+2+1=8，5+2+2=9。这就说明货币的面额有 1、2、5 几种就够用了，不需要再有面额是 3、4、6、7、8、9 等的货币了。

世界上很多国家的货币是由 1、2、5 几种面额组成，但也有国家的货币是由 1、3、5 几种面额组成的，这当然也符合货币组成的两个要求，用 1、3、5 也能组成 10 以内的任何一个数。 如 1+1=2，3+1=4，3+3=6，5+1+1=7，5+3=8，5+3+1=9。而我们国家后来取消了 2 元和 2 角，是因为这两种面额的钱币应用范围小，同时也有 1 元和 1 角来替换它们。

切西瓜的小窍门

夏天的时候，小朋友经常吃西瓜。爸爸妈妈把西瓜买回来之后，就会用刀把一个圆圆的西瓜切成小块，这样我们吃起来就比较方便了。你有没有注意过，爸爸妈妈是怎么切西瓜的？其实，切西瓜也是有小窍门的，先给你讲一个顺口溜吧：

稀奇稀奇真稀奇，

刀切西瓜有难题。

一个西瓜大又圆，

四刀切成九块齐。

九块西瓜吃肚里，

吃完却剩十块皮。

这个顺口溜简单易懂，但它给我们提出了一个问题：我们怎么样用刀把西瓜切成九块，当我们把这九块瓜吃完的时候，还要剩下十块皮？这就要考察你的空间想象能力了。

其实这个问题并不难。吃完九块西瓜，剩下了十块瓜皮，这就说明有一块瓜其实是两面都有皮的。我们知道正方形有四条边，把这四条边都延伸出去之后，就形成了一个"井"字形，"井"字正好有四画，正好符合我们切四刀的要求。我们在西瓜上切出一个"井"字形，井字中间的那一块就正好两边都有瓜皮，吃完了之后就有十块瓜皮了。小朋友，你要是不相信的话，可以在爸爸妈妈的帮助下试试看。

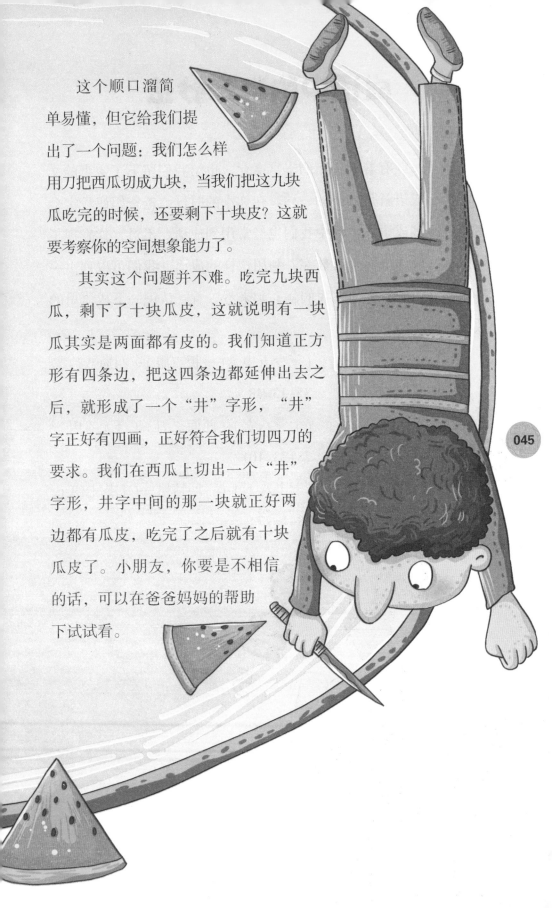

成语中的数学妙法

中华民族有着五千年的丰富文化，也给我们留下了宝贵的文化遗产，成语就是其中的一种。在你小的时候，爸爸妈妈肯定会教给你很多成语。生活中我们也经常用到成语。不过，你发现了吗？有的成语里面含有数字，利用这样的成语，我们可以列出一些数学算式来。下面，我们就一起来看一看，认识一下成语里的数学家们：

(三令五申)+(一板三眼)=(四通八达)

35+13=48

(七荤八素)+(两面三刀)=(百无一用)

78+23=101

(七上八下)-(一厢情愿)=(七擒七纵)

78-1=77

(四平八稳)－(三头六臂)＝(一穷二白)

48－36＝12

(三头六臂)÷(四海为家)＝(九州方圆)

36÷4＝9

(五颜六色)÷(七窍生烟)＝(八面威风)

56÷7＝8

以上就加、减、乘、除四则运算举了几个例子。当然，能用成语组成的数学算式还有很多，这里就不再多说了。有兴趣的小朋友可以自己找一找，看谁最后列出的成语算式最多、最好！

走动的时间

钟表在我们的生活中太重要了。大家设想一下，如果没有时间，世界会变成什么样子呢？"时间就是生命"，抓紧时间，珍惜时间，就是延长生命；节约时间就能提高

效率，使生命更加珍贵。钟表是计算时间的工具，它不停地走动，就是在时刻告诉我们当前的时间。所以，我们要学会识别钟表和时间单位——时、分、秒。

认钟表的关键是要看清时针、分针和秒针的位置。钟面上有 12 个大格，每个大格里有 5 个小格，一共有 60 个小格。时针走一大格是 1 小时，分针走一小格是 1 分钟，秒针走 1 小格就是 1 秒钟。当分针走 60 个小格，时针就会走 1 个大格，也就是 1 小时 =60 分钟。当秒针走 60 个小格，分针就会走 1 个小格，也就是 1 分钟 =60 秒。

为什么时钟的换算和我们普通的换算不一样呢？比如：1 厘米 =10 毫米，1 斤 =10 两，为什么时钟的换算都是以 60 为基础的呢？这就要从古巴比伦人说起了。

古巴比伦人对天文学很有研究，一个星期有 7 天就是巴比伦人提出来的。1 小时 =60 分，1 分钟 =60 秒，这也是古巴比伦人提出来的。他们还把圆周分为 360 度，1 度等于 60 分。也许你会问，古巴比伦人为什么这么喜欢 60 呢？这是因为古巴比伦使用的是 60 进位制。而在其他国家，比如埃及、印度、中国，采用的都是十进制，只有古巴比伦采用 60 进位制。至于古巴比伦人为什么采用 60 进位制，没有人知道答案。但是人们已经习惯了时钟的换算方法。

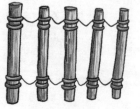

人们开始用木棍记录数字之后，就发现了一个问题：比较大的数字需要的木棍太多了，数起来很不方便。于是人们就开始规定，每数十根木棍，就用一个小石头来代替这十根木棍，这就是进制的原型。根据不同的需要，进制也有所不同，像我们所熟悉的二进制、十进制。还有一些特殊的进制，比如说时钟上的六十进制，中国古代的秤是十六进制的。

数学王国奇遇记

第三章

数学常识篇

为什么选举唱票要画"正"字?

班级里要选班长了,大家投票之后,班主任老师在统计票数。每念一票,他就在得到这一票的候选人名字后写上"正"字的一笔,五笔后就写成了一个"正"字。如果这个候选人又得到了选票,那就继续写另外一个"正"字。小明就感到奇怪了,为什么老师要通过写"正"字来记票数呢?小朋友,你知道是为什么吗?

写"正"字来计数,是我们常用的一种计数方法。至于这种计数方法是谁发明的,又是什么时候出现的,现在已经很难考证了。但是,我们可以看看这种计数方法的优点。古代的时

候，阿拉伯数字还没有流传到我国，我们国家还是使用汉字"一二三四"来计数的。但是小朋友发现没有，改变汉字"一二三"还是比较简单的，不过要把"三"变成"四"，就必须擦掉重新写了。这在记录票数的时候是很不方便的，因为票数的统计是一票一票叠加上去的，必须要找到从三变成四、从四变成五的简便方法。这个时候，聪明的中国人就发明了写"正"字计数的方法，因为写"正"字刚好也是一笔一笔叠加上去的，可以用来记录叠加的数据。那么为什么不是别的字，偏偏要写"正"字呢？细心的小朋友可能已经发现了，"正"字刚好是五个笔画。而 5 的倍数是最好计算的数字，要么是整十的数字，要么是整十再加上五。小朋友计算一下 5 的倍数就会发现这个细节了。所以最后统计的时候，只要数一下有多少个正字，把个数乘以五再加上剩下的不足一个正字的笔画，很容易就可以统计出总数了。

至于五个笔画的汉字很多，为什么偏要选"正"字，这就要留给学者们去考察了，可能是由于"正"字比较好看吧。用"正"字统计数据，还不能算是最老的统计方法。要说最古老的统计方法，可能还要算原始人的"结绳记事"了。原始人没有文字，他们记录事情就用绳子，在一根绳子上打一个结，就表示一件事情。不同的绳结表示不同的事情，这可能要算是统计学的老祖宗了吧。

小的时候，你是不是也用过数指头计数的方法啊？那个方法可能是你最早接触到的统计方法了。后来，数指头这个方法发展成了一种比较文雅的方法，就是小朋友在《西游记》这些神话传说中常见的"掐指一算"。这种方法是用每个指头上的指节数来

统计，它不会像数指头那样不便于看，还能统计大一点的数。毕竟数指头大多数只是统计 10 以内的数。除了"掐指一算"，小朋友可能还知道一种统计大月和小月的方法。就是右手握拳，用指头根部的关节突出和凹下的部分来计算"一月大，二月平……"这也是平常生活中的统计方法。统计在生活中也是很常见的，小朋友要是平常多观察、多动脑筋的话，还会发现不少类似的事例呢。

地摊摸奖莫轻信

星期天，小兵、小雨和朱朱一起去公园玩。他们玩得很高兴，回去的时候，看到公园门口有很多人围在一起，小兵他们就过去看了看。原来有一个小贩，正在那儿搞什么摸奖活动。他把一个箱子放在桌上，箱子里面放了 3 个白球和 3 个黑球，让人把手伸进去摸，每次摸 3 个球，如果全部摸到白球或者黑球就中奖了；如果摸出的 3 个球中黑的白的都有，那就得买他的东西。小兵想，一共不就是三种情况吗？要么全是白球，要么全是黑球，要么既有黑球又有白球。这样的话，不就有中奖的机会嘛。可是，他们看了一会儿，看到有十多个人去摸奖，只有一个人中奖了，其他人都没中奖。小朋友，你知道这是怎么回事吗？

这其实是数学上的概率问题在生活中的应用。概率就是一件事情在同一条件下发生的可能

性的大小的量。我们可以对摸奖进行一下分析，就可以算出中奖的概率有多大了。我们把 6 个球进行编号，把三个白球编为 1、2、3 号，三个黑球编为 4、5、6 号。那么我们可以把摸到的 3 个球的所有可能情况统计一下，总共是 20 种情况，就是说有 20 种可能，只有摸到（123）、（456）这两种情况才能中奖，所以说中奖的概率是 2÷20=0.1。并不是只存在小兵所认为的三种情况，所以大部分人是不能中奖的。小朋友一定不要轻易相信摸奖，以免上当受骗。

人们很早就认识到了概率的问题，而且人们在生活中也经常与概率问题打交道。很多坏人往往利用概率知识来骗钱，比如前面说的摸奖就是一个典型的例子。现实生活中，每件事情都可以看作是随机发生的，也就是说是不确定的，比如摸球的时候摸到哪几个球。对于这些随机发生的事件，可以用数学中的统计知识进行分析，通过长期统计一件事情发生的次数，我们就能算出它发生的概率，并利用它来为我们的工作和生活服务。比如对于地震这一自然灾害，我们通过统计某一地区从古到今的地震发生情

况，可以对地震的发生概率进行预测，然后根据预测来确定房屋应该采取什么样的抗震措施，这就是概率的一个典型应用。

在日常生活中，人们总是不知不觉地在应用概率知识。小朋友看过足球比赛吗？你一定注意到了：足球比赛开赛之前，裁判都要拿出一个硬币，把硬币往天上扔，然后让比赛双方猜硬币的哪一面朝上，猜中了的那一方就可以选择开球或者场地。平时两个人为了争夺什么东西互不相让时，也常常采取这种"听天由命"的办法。这其实就是利用了硬币从空中掉下来正反面朝上的概率相等的原理。所以说，抛硬币来做决定的方法对双方是公平的。小朋友如果不信，可以找一个硬币来试试，你会发现正反面朝上的次数基本相同，特别是你扔的次数越多，两者就越接近。这是可以从数学上进行证明的，等我们以后学了更多的数学知识就知道了。

数学教你节约时间

星期天，爸爸妈妈有事出去了，小东一个人在家看电视。他突然听见有人敲门，原来是爸爸的同事李叔叔。小明让李叔叔进屋坐一会儿，因为爸爸要过一会儿才能回来。小东想起妈妈平时告诉过他，客人来了要给客人泡茶，这样才有礼貌，于是他就去给李叔叔泡茶。可是他发现没开水了，所以要先烧水。假设洗水壶要用 1 分钟，洗茶杯要用 2 分钟，拿茶叶需要 2 分钟，烧开水需要 15 分钟，那么要多长时间才可以让李叔叔喝上茶呢？是 1+1+2+15=19 分钟吗？小朋友想一想，怎样才能让李叔叔在最短的时间内喝上茶呢？

我们可以想想小东一共有几种办法。第一种：洗好水壶，在水壶里加上水，然后烧水，在等水开的时间里取茶叶、洗茶杯，等水开以后泡茶。第二种：做好所有的准备工作，洗水壶，拿茶叶，洗茶杯，一切就绪后，烧水泡茶。第三种：洗好水壶，在水壶里加上水，然后烧水，等水开了，再急急忙忙地去找茶叶，洗茶杯，最后泡茶喝。小朋友可以计算一下，哪种方法最省时间。第一种方法利用了烧水的时间去拿茶叶洗茶杯，所以只需要 1+15=16 分钟。后两种办法，没有利用烧水的时间，而是按次序做，一共需要 1+1+2+15=19 分钟。可见，第一种方法最好，合理利用时间，能在最短的时间内让李叔叔喝上茶。

或许有小朋友会问，这和数学相关吗？当然了，上面讲的就是数学上的统筹方法，是一门与实际生活紧密相连的学问，在生产和生活中有着广泛的应用。统筹方法是由我国著名的数学家华罗庚教授倡导的，这是一种可以最大限度地提高工作效率、减少工作时间的数学方法。为了在全国普及这种方法，华罗庚教授倾注了大量的心血。现在，这种方法已经深入人们的生产和生活中，发挥着巨大的作用。统筹方法最大的特点就是合理安排各项工作的顺序，通过选择最优的顺序，最大限度地提高工作效率。小朋友想想看，什么地方用到了这种方法？举一个最简单的例子吧。小朋友放学回家，吃饭需要 20 分钟，做作业需要 40 分钟，洗澡需要 20 分钟，烧洗澡水需要 30 分钟，那么你要在最短的时间内做完这些事情，应该选择怎样的顺序呢？你可以采用这样的安排：回家就烧洗澡水，在等水热的同时吃饭，吃完饭就写作业，等洗澡水烧好了就去洗澡，洗完澡接着做作业，这样，总共只需要 30+20+（40−10）=80 分钟。这是怎么算出来的呢？前面的 30 分钟是烧洗澡水的时间，在这 30 分钟里，可以吃完饭，用掉 20 分钟，还剩 10 分钟可以写作业；后面的 20 分钟是洗澡的时间；最后做作业，因为总共需要 40 分钟，但是洗澡之前已经写了 10 分钟，所以就只需要（40-10）分钟。全部加起来，一共用时 80 分钟。而依次一件一件地做这几件事需要 20+40+20+30=110 分钟，可以节约 110-80=30 分钟。

　　这就是统筹方法的巨大优势。人们常说"一寸光阴一寸金，寸金难买寸光阴"，而用了统筹方法，就可以很轻松地节约不少时间。小朋友要珍惜时间，利用好时间。如果能按照统筹方法合理安排的话，你就会比别人多出很多时间。

纸张对折的极限

我们几乎天天和书本打交道，却不太注意其中的数学知识。如果你认真研究一下，就会发现书本里其实有不少学问。如果你把书和本子的背面翻过来，就会看到它们的开本，上面写着：8开、16开、32开等字样。可你知道这是什么意思吗？刚刚从造纸厂里造出来的一张整张的纸，叫整开纸，把它对折裁开，就得到两张对开的纸。对开纸也叫两开纸。如果把对开纸再对折裁开，就得到四张4开纸。继续对折裁开，可以得到8开、16

开、32 开、64 开等各种大小不同的纸。

其实这样裁剪，裁到一定时候就不能再继续了，因为纸张已经很小了，再裁就没有利用的价值了。我们可以把裁纸换成折纸来试验一下。那么一张纸最多能对折多少次呢?

我们找一张 A4 纸，将它对折一次，很轻松。然后我们可以继续对折，当我们对折到第 7 次的时候，整张纸已经变成了一个厚厚的纸板，不能继续对折了。这个时候，我们用数学的办法来看一看，为什么这张纸不能再对折了。

2.3

6.4

0.05毫米

　　我们使用的 A4 纸长度大约为 300 毫米，厚度则为 0.05 毫米。第一次折叠后，这张纸的长度会缩短一半，但是厚度会变成之前的两倍，折完第 7 次的时候，它的长度就是 300÷2÷2÷2÷2÷2÷2÷2=2.3 毫米，它的厚度就是 0.05×2×2×2×2×2×2×2=6.4 毫米。它的厚度比长度要多得多，想再折一次，就很难了。

　　这到底是为什么呢？一张纸那么薄，怎么对折了 7 次之后就变得这么厚了呢？这个秘密就在于对折上，对折就相当于翻倍了，这种翻倍累积起来就很惊人了。

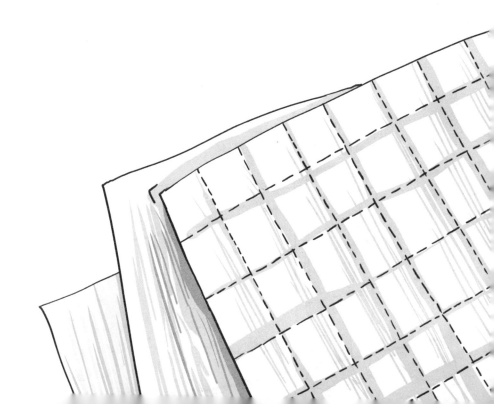

是运气，还是数学？

"下一个赢家就是你！"这句响亮的具有极大蛊惑性的话是英国彩票的广告词。买一张彩票的诱惑有多大呢？只要你花上1英镑，就有可能获得2 200万英镑！小小的花费竟然可能得到天文数字般的奖金，这没办法不让人动心。很多人都会想：也许真如广告所说，下一个赢家就是我呢！因此，自从1994年9月发行到现在，英国已有超过90%的成年人购买过这种彩票，并且也真的有数以百计的人成为百万富翁。如今在世界各地都流行着类似的游戏，在我国各省市也发行了各种福利彩票、体育彩票，而报纸、电视上关于中大奖的幸运儿的报道也屡见不鲜，这吸引了不计其数的人踊跃购买。很简单，只要花几元钱，就可以拥有这么一次尝试的机会，试一下自己的运气，谁不愿意呢？但实际上，买一张彩票中头等奖的概率近乎是零。这是为什么呢？

这其实是一个很简单的概率问题，很容易就可以计算出买一张彩票中奖的概率大概是千万分之一。这个概率很小很小，即使你买好几张彩票，中奖概率也不会有很大提高。所以这种彩票在平常玩一玩就行了，如果长时间坚持买，那可真不是一个明智的选择。

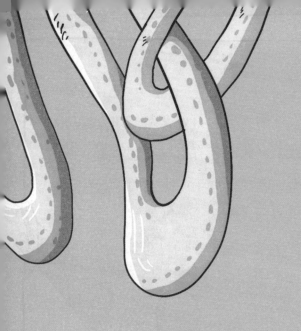

　　我们以英国的彩票为例来计算一下中彩票的概率。英国彩票的规则是 49 选 6，即在 1 至 49 这 49 个号码中选 6 个号码。买一张彩票，你只需要选 6 个号、花 1 英镑。在每一轮中，有一个专门的摇奖机随机摇出 6 个标有数字的小球，如果 6 个小球的数字都被你选中了，你就获得了头等奖。可是，当我们计算一下在 49 个数字中，随意组合其中 6 个数字的方法有多少种时，我们自己也会被吓一大跳，因为从 49 个数中选 6 个数的组合有 $(49 \times 48 \times 47 \times 46 \times 45 \times 44) \div (1 \times 2 \times 3 \times 4 \times 5 \times 6) = 13\,983\,816$ 种！这就是说，假如你只买了一张彩票，6 个号码全对的概率大约是 1 400 万分之一。

　　有一种常见的说法很容易给人造成误解。大街上的抽奖广告上写着："十分之一的概率就是平均每十次就会出现一次。"如果没有看清楚"平均"两个字的话，就会很容易误解成"每十次一定会出现一次"。比如抽奖的时候得奖的概率是十分之一，那么是不是抽十次就一定会有一次中奖呢？显然不是。小朋友好好想一下，从这个抽奖的例子里可以体会出概率只是指一种可能性，不能说肯定会发生什么，只能说可能性大还是小。刚才说的摸奖的例子，每次摸中的概率是0.1，那么摸不中的概率就是0.9，连续十次摸不中的概率就是十个0.9相乘，结果约是0.35，这个概率还不小呢。就是说摸十次还是很有可能不中奖的。如果摸一百次连续摸不中的概率是多少呢？就是100个0.9相乘，结果约是十万分之三，这个概率就很小了。也就是说摸一百次很可能会摸到奖品，但是买一百张彩票的钱可能比奖品贵很多。

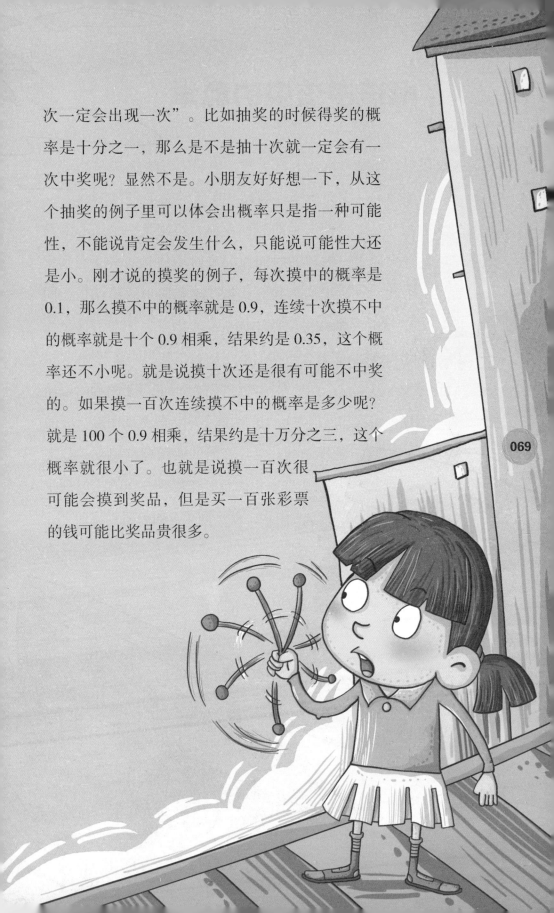

顺流逆流中的数学

暑假里，小刚一家从上海出发，坐船去三峡旅游。一路上他们一家人玩得很高兴。在欣赏完美丽的三峡风景之后，他们又乘船返回上海。小刚是一个细心的孩子，他发现乘船去三峡用的时间比回来时用的时间多。回到家以后，小刚就一直在想这个问题：去三峡和回来的路程是相同的，为什么所用的时间不同呢？小朋友，你知道这是为什么吗？要怎么用我们所学的数学知识来解释呢？

其实这个问题是很好解释的。时间等于路程除以速度，路程相同但是所用的时间不同，这就证明船行驶的速度不同。为什么船的速度有差别呢？其实船在静水中的行驶速度是一样的，但是在流水中就不同了。如果船顺流而下，那么它的速度就应该加上水流的速

度；反之，如果船逆
流而行，那么它的速度就要减去水流
的速度。从上海去三峡是逆流而上，
而从三峡回上海

是顺流而下，所以船的行驶速度不同，这样，我们就可以计算出所用的时间不同。

这是数学上很有名的上行下行问题，解决这种问题的关键就是分别算出上行和下行的速度，然后再利用"时间等于路程除以速度"这个公式进行计算。再举一个小朋友熟悉的例子。小朋友经常和爸爸妈妈一起去逛商场，你注意到商场的自动扶梯了吗？你只要站到上面，自动扶梯就会把你带到楼上去。但是有的人还在自动扶梯上走，这是为什么呢？我们通过一个实例计算来说明：假设自动扶梯运行的速度是每秒钟 1 米，一个人在上面走的速度也是每秒钟 1 米，两层楼之间的距离是 8 米，那么他可以节约多少时间呢？如果他不动，自动扶梯将他送到楼上需要 $8÷1=8$ 秒；如果他往上走，则只需要 $8÷（1+1）=4$ 秒，所以可以节约 $8-4=4$ 秒。现在小朋友知道原因了吧，可是小朋友千万别这样做，因为这样做是很危险的。

"七桥问题"怎么解？

在俄罗斯的西北地区，有一座城市叫加里宁格勒。城里有一条长长的河，叫作布格河。这条河横贯城区，共有两条支流，一条被称为旧河，另一条被称为新河。在新旧两条小河与布格河之间，夹着一块岛形地带。于是，全城就被分为北、东、南、岛四个区。而连接这四个区的，是七座古老的桥。

城里的人们在桥上来来往往，年复一年，大家对于这七条城区之间的纽带早就习以为常了。可是忽然有一天，一个孩子向他的老师提出一个问题："能不能一次走遍七座桥，而每座桥只准经过一次？"问题一经提出，就引起了很多人的兴趣，他们纷纷进行试验，但都没有成功。最后，人们只好把"七桥问题"交给数学家欧拉，希望他能够提出高明的见解。

欧拉接到"七桥问题"后也觉得非常有趣，他连试了好几种走法都不行。这个问题看似简单，实则不然，他算了一下，要走遍七座桥，总共有 5 040 种走法：$7 \times 6 \times 5 \times 4 \times 3 \times 2 \times 1 = 5\,040$。

如果这样一种情况一种情况地试下去，将是一项耗时耗力的巨大工程。"不行，得想一个巧妙的办法。"欧拉想。于是，聪明的欧拉想到了画图。他用 A 代表岛区，用 B、C、D 分别代表南、北、东三个区，用曲线弧表示那七座桥，这样一来，"七桥问题"就被高明的欧拉转变为一个一笔画问题，也就是说，能不能一笔不重复地

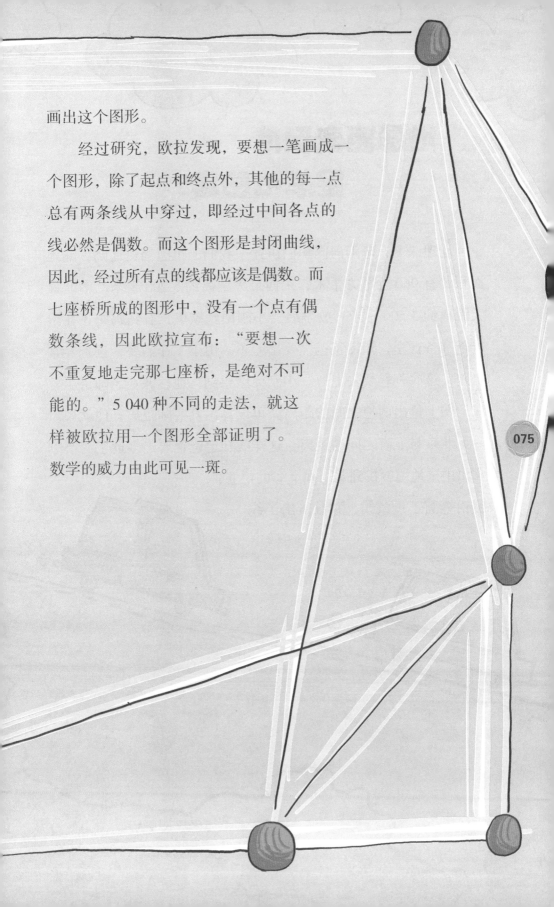

画出这个图形。

　　经过研究，欧拉发现，要想一笔画成一个图形，除了起点和终点外，其他的每一点总有两条线从中穿过，即经过中间各点的线必然是偶数。而这个图形是封闭曲线，因此，经过所有点的线都应该是偶数。而七座桥所成的图形中，没有一个点有偶数条线，因此欧拉宣布："要想一次不重复地走完那七座桥，是绝对不可能的。"5 040 种不同的走法，就这样被欧拉用一个图形全部证明了。数学的威力由此可见一斑。

地图距离到底是怎么回事？

　　地理课上，老师向同学们讲述了我们的祖国幅员辽阔，陆地面积约有 960 万平方千米，东西最大距离约 5 200 千米，南北最大距离约 5 500 千米。放学后，小刚回到家里，看到妈妈正在给爸爸准备行李，知道爸爸又要出差了。由于工作需要，爸爸经常出差，这次爸爸要去上海。小刚突然想到，地理课上老师讲了，在地图上量出两地之间的距离就可以算出其实际距离，他就想量一下北京与上海之间的距离，这样就知道爸爸要走多远了。小刚拿出中国地图，找到北京和上海的位置，用铅笔画了一条线，并且量出了线

段的长度是 2.5 厘米，可是怎么算出实际的距离呢？小朋友，你知道怎么算吗？

　　我们的祖先很早就开始使用地图。地图在人类的发展史上起到了重要的作用，也是人类聪明才智的体现。地图在人们的日常生活中也起着十分重要的作用，人们在出远门的时候都会带上它。地图就是用图来表示实际的地

理情况。也许有小朋友会问，地图那么小，怎么表示那么大的地方呢？其实啊，这就是利用了数学中的比例知识。每张地图都会有一个比例尺，实际地图图形的大小就按照这个比例尺来缩小放到地图上。比如 1：1 000 的比例尺，表示地图上的 1 厘米代表实际中的 1 000 厘米。

现在小朋友知道怎么计算北京到上海的距离了吧？只要用 2.5 乘以地图上比例尺标明的比例就行了。地图只是比例知识在生活中应用的一个小例子。在实际生活中，比例知识还有许许多多的用途。比如说生活中随处可见的一些模型、街边立的一些雕塑、一些著名景点的模型等，这些都是根据实物实际大小按比例做出来的。对于一些重要的建筑物，比如一幢几十层甚至上百层的高楼，在建造之前，我们都需要按一定的比例，先造一个模型，对它进行试验，看看能不能修建。对一些东西，不能做好了再来试验，因为需要花费大量的人力、物力和时间，所以按比例缩小是一个很好的处理问题的方法。

当然，不是所有的问题都是按比

例缩小的，有时候也需要按比例来扩大。科学家在研究很小的物体时，比如细菌，就需要把它们按比例扩大来研究。生活中也有一些按比例扩大的例子，小朋友注意到一些商品的广告牌了吗？有的厂家为了宣传自己的产品，就把它们按比例扩大来吸引顾客的注意。但无论扩大还是缩小，都需要用到比例的基本知识。

再讲一个例子。小朋友可能知道很多著名的建筑，比如埃及的金字塔。那你知道那些建筑物的高度是怎么测定的吗？可能会有小朋友说，爬到上面去用绳子量啊？但这样是不是太危险了呢？而且有的建筑物是上不去的啊。其实，我们只要用比例知识，就能很容易地测出它们的高度。我们只要在建筑物旁边立一根杆，量出某一时刻建筑物的影子的长度和杆的影子的长度，利用高度与影子长度成正比的关系，只要再量出杆本身的长度，我们就可以算出建筑物的高度了。而杆的长度可以放在地面上量，这样，我们就把一个很困难的事情转化成一件很简单的事情了。这就是数学知识的力量！

美丽的 "秘密"

在数学界，有一个神秘的数字，它的名字叫作黄金分割点。它的来历很简单。在一条线段上标一个点，将这条线段分为两条长短不一的线段，如果两条中较长的线段除以线段的总长度等于 0.618 的话，那么这个点就是黄金分割点。看上去，这个黄金分割点很复杂，可是它在现实生活中却随处可见。

高清晰度电视的屏幕都设计成 16：9，就是应用了黄金分割的原理，16÷（16+9）=0.64，接近 0.618，这样人们观看电视时会感觉比较舒服。人体的许多部位也是按黄金分割点分布的，这是大自然的造物之美。肚脐刚好是整个人体的黄金分割点，喉头刚好是头顶到肚脐的黄金分割点，膝关节是肚脐到脚底的黄金分割点，肘关节是手指到肩部的黄金分割点。

　　大热天开空调时，我们应将温度调在 23℃左右。因为人体的正常体温是 36.5℃，$36.5℃ \times 0.618 = 22.557℃$。许多国家都喜欢在国旗上绣五角星，这是为什么呢？因为五角星上也有黄金分割点的存在，由五条线段相交的五个点刚好是这五条线段的黄金分割点。

　　这样的例子在自然界和我们的生活中还有很多。只要你稍加留意，就会发现门、窗、桌子、箱子、书本之类的物体，它们的长度与宽度之比都近似等于 0.618。姿态优美、身材苗条的时装模特和翩翩起舞的舞蹈演员，他们的腿和身躯之比也近似等于 0.618。小朋友可以留意一下，看看身边还有哪些东西符合黄金分割的原理。

飞机的航线是直线

一天下午，小文在家里做地理作业。老师要求同学们观察中国地图，写出各个省和省会城市的名称。于是小文就去仔细地看地图。在观察的过程中，小文发现了一个问题：平时坐爸爸的车出去玩，路上总要转很多的弯，可是为什么飞机飞行的路线却是直直的一条线呢？小文是个喜欢问"为什么"的孩子，于是他就思考起来，可是总也想不出答案来。

正好爸爸回来了，爸爸告诉了他原因。原来啊，这里边也有数学上的道理。小朋友，你知道是什么道理吗？其实，这是数学中很重要的一个定理。小朋友可以拿一张纸，在上边画两个点，然后用任意的线把它们连起来。这时你就会发现，原来，在各种各样的连接方法中，用一条直线把两个点连起来，这个距离是最短的。这个定理就是：两点之间线段距离最短。

直线有两个兄弟，那就是线段和射线。它们长得很像，但还是有区别的。直线是老大，因为它可以向两个方向无限延伸下去，如果一个人站在直线上向两边走，永远都没法走到终点；射线是老二，它一边有终点，另一边无限延伸；而线段两边都有终点，只好委屈当老三了。小朋友，它们是不是很好区分呢？

　　所以，这个定理是要用到老三——线段的，因为它的两个兄弟都量不出长度来。我们在生活中说到的距离啊，长度啊，大家习惯叫直线，实际上都是指线段。在地面上，由于有楼房、河、山等障碍物，所以公路不得不转弯。然而在空中没有阻碍，所以飞机选择走直线，这样从一个城市到另一个城市的距离最短，最节省时间和费用。

　　这一定理在生活中处处可见。小朋友看看四周就会发现，其实我们身边见到的最多的图形就是线段了。家具、窗户、道路、楼房等，很多都是以线段为边的。这一方面是因为线段是数学中

最基本的图形，另一方面也与其距离短、省材料有关，看起来也很美观。懂得了这个定理之后，小朋友一定能够说出飞机航线是直线的原因了。小朋友想一想，生活中还有哪些地方应用到了这个定理呢？

　　小朋友可以取一张纸，在上边画几个三角形，然后量一下三条边的长度，这时你会发现，任意两条边的长度加起来，都要大于第三条边的长度。这是因为第三条边是连接那两个点的线段，所以它是连接两点的所有线中最短的。这也是数学中的一个定理，叫作三角形的边长定理，即三角形的任意两边长度之和大于第三边。

动物中的数学家

动物为了适应环境，常常在进化的过程中改变自己的肌体构造，看似奇妙，其实这些变化常常符合某种数学规律或者具有某种数学本能。下面，让我们一起去看看吧！

真正的数学"天才"——珊瑚虫

珊瑚虫的身上有许多奇怪的斑纹，原来，这是它们在自己的身上记下的"日历"，它们每年都在自己的体壁上"刻画"出 365 条斑纹，这说明是每天"画"一条。古生物学家发现三亿五千万年前的珊瑚虫每年"画"出 400 条斑纹。后来天文学家研究后发现：当时地球一天仅有 21.9 小时，一年不是 365 天，而是 400 天。由此可见，珊瑚虫真是准确的"日历"呀！

善于排成"人"字形的丹顶鹤

丹顶鹤总是成群结队迁飞，而且排成"人"字形。让人惊奇的是，它们排成的"人"字形的角度一般保持在110度，每边与鹤群前进方向的夹角都是54度44分8秒，而金刚石结晶体的角度正好也是54度44分8秒！这到底是巧合，还是某种大自然的秘密呢？希望小朋友们今后去研究发现。

会做"产房"的桦树卷叶象虫

桦树卷叶象虫是如何做"产房"的呢？它们建造房子的工具是桦树叶，它是这样咬破桦树叶的：雌象虫先爬到离叶柄不远的地方，用锐利的双颚咬透叶片，再向后退去并咬出第一道弧形的裂口；再爬到树叶的另一侧咬出一道曲线；然后又回到开头的地方，把下面的一半叶子卷成细长的锥形圆筒形状，大概卷 5 ~ 7 圈；最后把另一半朝相反方向卷成锥形圆筒，这样，温暖的"产房"就做成了。

会做算术的蚂蚁

在很多人眼里，蚂蚁是一种勤劳的动物，但它们不仅勤劳，还很聪明哦。英国著名科学家

亨斯顿用实验证明了这一点：把一只死蚱蜢切成三块，第二块是第一块的两倍，第三块又是第二块的两倍，奇妙的是，蚂蚁在组织劳动力搬运这些食物时，劳动力的数量也是相差一倍左右，它们用行动实践着等比数列的原理呢！

"跳高冠军"——跳蚤

在自然界里，很多动物都会跳跃，而跳蚤是当之无愧的"跳高冠军"。1910年，一位美国人在实验时发现一只跳蚤能跳33厘米远，19.69厘米高。这个高度竟然是它身体长度的130倍！相当于一个高1.70米的成年人能跳221米高，是不是很厉害呢？

蜘蛛的"八卦阵"

蜘蛛网很多人都见过，乍看上去就像"八卦阵"，是既复杂又美丽的八角形图案。有的人尝试自己去画，却很难画出来，甚至使用直尺量角器也没有蜘蛛"画"得好！看来，蜘蛛真是个善于制作八卦阵的高手！

喜欢蜷成球状的猫

很多小朋友也许会发现，猫在冬天睡觉时，总是尽量把自己的身子缩成球状，那可爱的样子让小朋友们忍不住想去逗它们。那么，你们知道这是为什么吗？原来数学中有这样一条原理：在同样体积的物体中，球的表面积最小。猫在身体体积不变的情况下，在冬天睡觉时，为了使散失的热量最少，以保持体内的温度，就把自己蜷成了球状，是不是很聪明呢？

彩虹之谜

　　彩虹，又称天虹，很多人都曾被它的美丽所折服，也有人产生疑问：为什么"虹"字是虫字旁呢？因为在古代，人们还不知道彩虹和水滴有关，认为彩虹是一条呼风唤雨的龙，所以就取用虫字旁。

其实，彩虹并不神秘，它是一种光学现象。当阳光照射到半空中的水滴，光线被折射及反射，就会在天空上形成拱形的七彩光谱，从外至内颜色分别为：赤、橙、黄、绿、蓝、靛、紫。所以当我们看到彩虹时，常常被它的五彩斑斓所吸引。

彩虹形成的过程是这样的：阳光进入水滴，先折射一次，然后在水滴的背面反射，最后离开水滴时再折射一次。因为水对光有色散的作用，不同波长的光的折射率有所不同，蓝光的折射

率比红光大，折射角度也大。那么，我们看到的颜色有没有发生变化呢？由于光在水滴内被反射，所以我们看见的光谱是倒过来的，红光在最外面，其他颜色在里面。

如果你很想看彩虹，应该去哪里找呢？彩虹最常出现在下午雨后天刚转晴时。这时空气内尘埃少且充满小水滴，天空中因为仍有雨云而显得光线较暗。加上周围没有云的遮挡，可以见到阳光，这样较容易看到彩虹。另一个经常可以见到彩虹的地方是瀑布附近。在晴朗的天气下，背对阳光在空中洒水或喷洒水雾，也可以见到彩虹哦！

也许有的小朋友会问，为什么有的彩虹看起来鲜艳，有的看起来模糊呢？原来空气里水滴的大小，决定了虹的宽窄和色彩鲜艳程度。空气中的水滴大，虹会比较窄，但是很鲜艳；反之，水滴小，虹就比较宽，颜色较淡。冬天的气温较低，在空中不容易存在小水滴，下阵雨的机会也少，所以冬天一般不会有彩虹出现。早晨的彩虹出现在西方，黄昏的彩虹总在东方出现，是因为我们面对着太阳是看不到彩虹的，只有背着太阳才能看到彩虹。除非

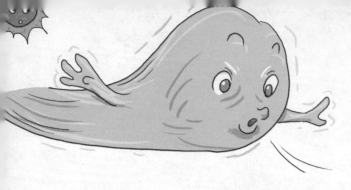

乘飞机从高空向下看，才能见到。有经验的人，可以通过虹在天空中出现的位置预测天气的变化，当东方出现虹时，该地是不大容易下雨的；而西方出现虹时，该地下雨的可能性很大。

数学王国奇遇记

第四章

数学应用篇

打折背后的数字

　　新学期开始了，小明发现自己的书包不能用了，就请求妈妈给他买个新的。妈妈答应了。周末，妈妈带着小明逛商场。商场里有很多书包，花样不同，价格各异。最后小明挑了一个背包。在妈妈付钱时，小明听到售货员说："这个书包打7折。"7折是多少呢？小明心里不禁嘀咕起来。小明的妈妈付了63元，那么小朋友，你能帮小明算算他的书包原价是多少吗？

　　打折是商场惯用的一种促销手段。打折后的价格等于原价乘以折扣。小明的书包花了63元打的是7折，所以原价应该是63元除以0.7，就是90元。看到这里，小朋友可能不知道为什么7折要用0.7来计算。我们用的这个数字是折扣除以10得出的数字，7折就是7除以10，当然是0.7了。相应地，我们也就知道1折是0.1，2折是0.2，八五折就是0.85。折扣越小，我们花的钱就越少。明白了吗，小朋友？

　　小朋友在和爸爸妈妈一起逛商场的

时候，可能留意到了商场还有多种促销手段，比如买 100 送 50，买一赠一，等等。这些其实都是打折的一些变形，我们在了解了打折后，对其他的促销方式也就了然于胸了。

买 100 送 50，就是你买 100 元的东西商场送你 50 元的券，让你去购买别的东西。这就相当于你花了 100 元能买上 150 元的东西，如果把它换算成折扣就是六七折。而买一赠一就相当于五折。这些手段我们都可以统一换算成折扣来计算。这样我们就很清楚，到底哪个折扣力度大点，能多省点钱。不过，我们具体购买的时候，还应考虑自己的实际需要，不能光考虑折扣问题。

小朋友，你现在对折扣问题是不是比较清楚了？下次碰到商场促销时，你就可以给妈妈提供参考意见了。

存折上的
数字长尾巴啦！

过年是小朋友最开心的事情了，因为这个时候不光有很多好吃的、好玩的，大家还能得到长辈们给的压岁钱。小明也不例外，这个叔叔给500元，那个阿姨给300元，爷爷奶奶给1 000元……过完年的时候，小明算了一下，发现这些钱加在一起可是一笔巨款呢。那么他该怎么处理这笔钱呢？爸爸妈妈给出的意见就是存进银行。

把钱存到银行里是最保险的办法了，小明就跟着妈妈到银行里把钱存好，之后工作人员给了小明一张存折，存折上清清楚楚地写着小明这次存了5 000元钱。小明开心极了，拿着那张存折看了又看，回家后还把存折放到了枕头下面，每天都拿出来看一看。

过了几个月，小明的奶奶来看小明，还给小明带了许多好吃的东西，临走的时候又给了小明 200 元钱。小明拿着这 200 元钱对妈妈说："我们还是去把钱存起来吧。"妈妈觉得小明长大了，知道攒钱了。第二天一大早，妈妈就把小明带到了银行，把那 200 元钱存到了存折里。这个时候，小明又拿着存折看起来，他发现了一个奇怪的现象：他之前存的是 5 000 元钱，这一次存了 200 元整，加在一起应该是 5 200 元整，可为什么现在存折上面的数字后多了一个点，还多了许多小尾巴呢?

其实这就是把钱存在银行里的另一个好处：银行为了吸引大家去存钱，会给存钱的人一些利息。打个比方，你存了 100 元钱，银行就每个月给你 1 角钱的利息，也就是 0.1 元钱，在月底的时

候你就会发现你的存折上变成了 100.1 元钱，你看，这不就多了个尾巴吗！这个多出来的钱就叫作利息。那我们到底要怎么来算这个利息呢？这就要看银行给出的利率是多少了。银行的利率会经常进行调整，假设一个月的利率为 0.03，那么第一个月，我们存 1 000 元钱的利息就是 $1\,000 \times 0.03 = 30$ 元。如果经济出现波动，银行也会适当地调整存款利率。这就是存折上小尾巴的由来。

价签上的小学问

　　小朋友平时逛超市的时候，有没有注意到超市的标签呢？在卖蔬菜的地方，价签上除了数字外还有一个单位"斤"，在卖饮料的地方，价签上的单位是"瓶"，如果小朋友仔细看一看，就会发现在超市的价签上有许多不一样的单位。

　　单位在人们的生活中起着非常重要的作用。早在两千多年前的秦朝，中国的第一个皇帝秦始皇就统一了单位制。像我们平时买东西所说的斤、两，就是我国一直用来表示重量的单位。但是，不同的国家有不同的单位制，很多国家用磅来作为重量的单位。随着全球化的发展，各个国家之间

的联系和交流日益增加，不同的单位制妨碍了各国人们之间的交流，所以现在全世界都推行国际单位制，就是大家都使用同一种单位制。不知道小朋友注意到没有，现在很多东西的重量都是用千克作单位，千克就是一个表示重量的国际单位。

"斤""两"这种单位在我们国家用了上千年，而且至今还在使用，为了便于比较，需要利用数学知识把这种单位和国际单位进行换算。1斤等于500克，1公斤等于1千克，所以你看到某种商品标价是每斤10元，也就相当于每千克20元。类似的还有长度单位的换算，我们习惯使用的米和公里之间的关系是1公里等于1000米，还有体积单位中立方米和升之间的换算，等等。

这些都是我们在生活中经常使用的单位，需要我们利用数学知识来换算。

举一个简单的应用实例。小朋友经常喝的纯净水是每瓶 500 毫升，那么 1 立方米纯净水可以装满多少瓶呢？由于单位不统一，所以不能直接计算。我们需要先将立方米和毫升都转化为升，也就是 1 立方米等于 1 000 升，而 500 毫升等于 0.5 升，所以可以装满 1 000 升 ÷ 0.5 升 / 瓶 ＝ 2 000 瓶。

单位是数学中一个很重要的概念，也是人们在日常生活中用得最多的概念之一。为什么呢？因为人们往往需要比较，或者计量很多东西的大小，所以必须要有一个标准，这就是单位。如果单位不同，就会给人们的生产和生活带来很多问题。

轮胎为什么 是圆形的?

　　今天是星期天，小明写完作业，去找小华玩。去小华家要经过一条宽敞的马路，路上有很多行人和汽车，十分热闹。小明一边走，一边观察着来来往往的车辆。突然，小明想到了一个问题：为什么汽车、自行车这些车辆的轮子都是圆形的呢？为什么没有见过长方形、正方形、三角形等其他形状的轮子呢？是因为圆形好看，更让人们喜爱呢，还是有别的原因呢？

　　小朋友，你知道这里边的原因吗？其实，这里边是有数学道理的。小朋友都知道什么是圆吧？请你拿一张纸，用图钉在上边

钉一个点，拴上一条细绳，然后在绳的另一端拴上一支笔，把绳子绕着图钉转一圈，笔就会在纸上画出一个圆。一个平面内，与一个固定的点有相等距离的所有点组成的图形，就是圆。这个中间的固定点就叫作圆心，而圆上任意一点到圆心的距离就叫作半径。任意一条通过圆心的直线都与圆交于两点，这两点之间的距离叫作圆的直径。

我们会发现，圆的半径都相等，直径也都相等。我们把车轮做成圆形，然后把车轴安在圆心上，车轴离开地面的距离就总是等于车轮的半径那么长了。这样当车轮在地面上滚动的时候，车子就可以平稳顺利地往前开。而如果车轮做成三角形或者正方形，车轮的边缘到车轴的距离不相等，那么车子走起来就会忽高忽低，很难前进了。小朋友想一想，是不是这个道理呢？

一共有几种
坐公交车的方法?

星期六，爸爸说要带小华去动物园。小华一听非常兴奋，他早就想去看看动物园里刚出生的小熊猫了。于是他拿出地图，想看看从家到动物园的路线。可是他发现没有直接从家到动物园的公共汽车，怎么办呢？小华就去问爸爸，爸爸告诉他必须到十字路口换乘车，他还告诉小华，从家到十字路口可以坐 1 路、2 路或者 5 路车，从十字路口到动物园可以坐 7 路或者 9 路车，然后爸爸问小华："从家到动物园有几种坐车方法？"小朋友，你是不是也遇到过这种问题呢？你想过这个问题怎么解决吗？

这其实也是一个需要运用数学知识来解决的实际问题。小朋友可以想想之前学过的乘法运算。小华去动物园，首先必须坐车到十字路口，如果他坐 1 路车，到了十字路口，再去动物园，他又有两种选择，可以坐 7 路或者 9 路车，这样，他就有 2 种坐车方法去动物园。同样，如果他坐 2 路或者 5 路车到十字路口也一样，每次都有 2 种方法。总的就是 2+2+2=6 种坐车方法。按照乘法的定义，可以写成 3×2=6。也就是说，从小华家去十字路口有 3 种坐车方法，从十字路口去动物园有 2 种方法，所以从小华家去动物园共有 3×2=6 种坐车方法。小朋友可以试试写出这 6 种乘车的方法。

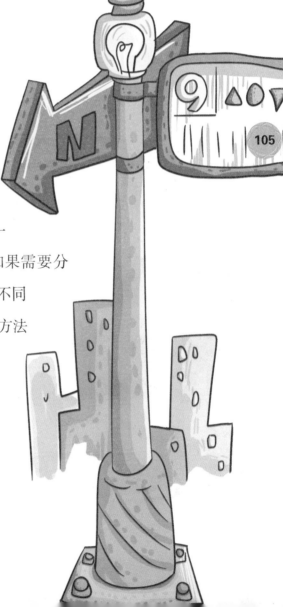

这类问题其实是数学里一个基本的问题。做一件事，如果需要分成几个步骤，每一步又有几种不同的方法，那么做这件事的总的方法数就等于每一步方法数的乘积。这里应用的是数学中的乘法原理。小朋友想一想，生活中还有哪些问题可以用乘法原理解决呢？

　　生活中的很多问题都要用到乘法原理，比如小朋友去书店买书，想买一本连环画和一本故事书，而书店里有 8 种不同的连环画和 6 种不同的故事书供你选择，你想想，一共有多少种选法呢？这个问题也可以用上面讲的乘法原理解答。一共买两本书，可以分为两步：第一步先买连环画，一共有 8 本可供选择，所以有 8 种选法；第二步再买故事书，一共有 6 本可供选择，所以有 6 种选法。那么，按照乘法原理，总的选法就有 8×6=48 种。

妙用数学巧省钱

现实生活中人们追求的是少花钱，多办事。这是一种美好的愿望，要实现这种愿望，数学知识可是必不可少的。看看下面的例子：五年级一班的同学去游乐园玩，全班一共 36 个人。到游乐园买票的时候，大家看到售票处贴着一张购票须知，上面写着"每张票 8 元，40 人以上可以购买团体票，团体票打八折。"

小朋友，你想想，怎样买票花的钱最少呢？有的小朋友会说，一人一票，一共 8×36=288 元。实际上，这样不是最省钱的，可以多买 4 张票，一共买 40 张，这样就可以打八折，每张票就是 8×0.8=6.4 元，那么 40 张票就需要 6.4×40=256 元，比原来少用 288-256=32 元。虽然多买了 4 张票，表面上看起来多花 4 张票的钱，但是实际上还省了钱。这就是数学知识所起的作用。

再举一个生活中的小例子。有一个酿酒厂为了回收酒瓶，打出广告说每 3 个空瓶换 1 瓶酒。有一个人买了 10 瓶酒，那么他最多可以喝到几瓶酒？显然花了 10 瓶酒的钱，能喝到的酒越多就越值了。小朋友可能很快就可以得出结果：这个人可以喝到 14 瓶酒，因为它可以先用 9 个瓶子换回 3 瓶酒，喝完以后，又用 3 个瓶子换回 1 瓶，这样总共喝到了 14 瓶酒。但是，这样是最多的吗？小朋友再进一步想想，最后他还剩 2 个空瓶，还有办法再去换一瓶吗？应该说是可以的，他先找人借一个瓶子，就有了 3 个瓶子，又能换一瓶酒了。喝完以后，只要他把瓶子还给别人就行了。所以啊，他最多能喝到 15 瓶酒。

国庆节，青青和爸爸妈妈一块去逛商场，因为是放假期间，商场里的人特别多，货物也多，各种各样的商品让他们一家看得

眼花缭乱。为了庆祝国庆，商场还举行了促销活动，每买 100 元东西送 10 元，只计整百，零头不计；而对于购买商品超过 1 000 元的顾客，不享受每 100 元送 10 元的优惠，但是给他们总价八五折的优惠。青青一家买了很多东西，最后一算，这些东西一共值 950 元，爸爸就又买了一个价格为 60 元的皮包。青青觉得奇怪：妈妈不是说有皮包吗？不应该再买了。爸爸笑着说，反正是商场白送的，为什么不要呢？青青不明白爸爸的话是什么意思，明明花了 60 元，怎么会是白送的呢？小朋友，你知道这是为什么吗？

其实啊，只要我们用数学知识计算一下，就知道爸爸所说的白送是什么意思了。先算一下如果不买皮包，他们一共要花多少钱。根据商场的优惠政策，每 100 元送 10 元，只计整百，零头不计，那么他们可以得到 $900 \div 100 \times 10=90$ 元，所以他们只需要付给商场 $950-90=860$ 元。如果买了皮包的话，总的价格就是 $950+60=1\,010$ 元，根据商场的优惠政策，超过了 1\,000 元，可以打八五折，他们只需要付给商场 $1\,010 \times 0.85=858.5$ 元。进行比较之后我们可以看出，买了皮包以后，不但没有多付钱，反而少出了 $860-858.5=1.5$ 元。现在小朋友明白为什么青青的爸爸说皮包是白送的了吧？所以，把数学用到生活中是很有"好处"的。

整齐的队伍也和数学有关？

　　小朋友想一想，在排队的时候，怎样才可以排出一列整齐的队伍来呢？老师可能会告诉大家，排队的时候，看着前面小朋友的后脑勺。如果你只能看到前边一个小朋友的后脑勺，那就说明你前边的队伍排得很整齐，是一条直线；如果你能看到好多个小朋友的后脑勺，那就说明这个队伍站得不整齐，小朋友还需要调整自己的位置。通过以上的学习，小朋友就应该能说出这里边的

原因了。因为站在最前边的两个小朋友就是两个点，他们确定了一条直线。由于我们的视线是直线的，当第三个小朋友站在这条直线上的时候，你就只能看到相邻的前边小朋友的后脑勺，而如果他站歪了，站到了直线外，你就可以看到前边两个小朋友的后脑勺了，后边的小朋友也是一样。小朋友想到这个原因了吗？以后排队的时候，你就可以用这个方法来检验队伍整齐不整齐了。

其实呢，在我们的日常生活中，还有很多地方都用到了这个原理。比如说我们在马路两边植树的时候，如何能保证道路两边的树排成一条直线呢？小朋友现在一定可以说出方法来。对，就和我们排队的时候一样，工人师傅只要站在树后向前看，看不到前边的树干，就说明它们在一条直线上了。小朋友仔细观察一下周围，看看哪里还用到了"两点确定一条直线"这一数学定理呢？

出租车上的数学难题

　　星期天是丁丁伯父的生日，伯父请丁丁一家去吃午饭。可是要出发的时候，家里来了客人，原来是爸爸单位的叔叔找爸爸谈工作上的事。等客人离开已经快 12 点了，爸爸说坐公交车来不及了，于是他们一家就坐出租车去伯父家。上了车，丁丁注意到车里有一个显示数字的仪器，爸爸告诉他，那是用来记录路程和车费的。原来出租车车费是随着路程的增加而增加的，刚开始 3 千米 10 元，以后每增加 1 千米就多收 1.6 元。爸爸知道丁丁是个喜欢思考的孩子，就告诉他到伯父家的距离是 13 千米，问他下车时他们需要多少车费。

小朋友，你在出去玩的时候也经常坐出租车吧？你想过这个问题吗？其实啊，只要稍微用用数学知识，这个问题就很容易解决了。出租车是分段计价的，也就是说不是每千米都是 1.6 元，一般都会有一个起步价，起步价就是在一定的路程之内收多少钱。丁丁坐的是 3 千米起步价为 10 元的出租车，就是说在 3 千米路程之内都收 10 元钱，3 千米以后就按每千米 1.6 元收费。小朋友了解这个以后，问题就很容易解决了。总的路程是 13 千米，前 3 千米收 10 元，后面还剩 10 千米路程，每千米 1.6 元，需要 1.6 × 10=16 元，所以总共需要 10+16=26 元。

这类问题属于数学中的分段函数问题，小朋友进入中学以后就会学习到。这里说的分段包括时间分段、路程分段、总量分段等。那么，小朋友想一想，你在生活中还遇到过哪些需要分段考虑的事情呢？

身份证中的数字

　　小朋友可能还没有身份证，如果你想拥有的话，可以让爸爸妈妈带着你去办理一张身份证。现在，我们可以先来了解一下身份证，你拿着爸爸妈妈的身份证看一看，在身份证上最显著的地方会有爸爸妈妈的照片，在身份证的下方有一串长长的数字，这串数字爸爸妈妈肯定记得很清楚。可这串数字到底有什么作用呢？为什么爸爸妈妈要记得这么清楚呢？

　　身份证的前6位是地址码，表示编码对象常住户口所在县(市、旗、区)的行政区划代码。身份证的第7～14位是

出生日期码，表示编码对象出生的年、月、日，分别用4位、2位、2位数字表示。例如：2007年5月11日表示为20070511。身份证的第15～17位是顺序码，表示同一地址码所标识的区域范围内，对同年、月、日出生的人员编定的顺序号。其中第17位表示性别：奇数表示男性，偶数表示女性。身份证的第18位是校验码。与只有15位编号的旧身份证相比，新的身份证编号添加了3位。其中2位来自出生年份，旧身份证只用2位数字，而新身份证采用了4位，更易辨别。添加2位数字表示出生年，是为了避免用2位数表示可能导致的混乱与误解。如用"07"表示出生年，既可能是2007年新出生的婴儿，也可能是1907年出生的百岁老者。新身份证添加的另一位编号就是末尾所加的校验码。

有趣的动物数学

　　美国气象学家爱德华·罗伦兹提出了"蝴蝶效应"。他论述了某系统如果初期条件差一点点，结果会很不稳定，甚至变化很大。他说："一个气象学家提及，如果这个理论被证明正确，一只海鸥扇动翅膀足以永远改变天气变化。"这位气象学家制作了一个电脑程序，模拟气候的变化，并用图像来表示。最后他发现，图像是混沌的，而且十分像一只张开双翅的蝴蝶，因而他形象地将这一图形以"蝴蝶扇动翅膀"的方式进行阐释，他把这种现象

称作"蝴蝶效应"。在以后的演讲和论文中，他用了蝴蝶这个更有诗意的名称，并对之进行了阐述："一只南美洲亚马孙河流域热带雨林中的蝴蝶，偶尔扇动几下翅膀，可以在两周以后引起美国得克萨斯州的一场龙卷风。"其原因就是蝴蝶扇动翅膀的运动，会影响身边的空气系统，并产生微弱的气流，而微弱气流的产生又会引起四周空气或其他系统产生相应的变化，由此引起一系列连锁反应，最终导致其他系统的极大变化。这个发现让他很高兴，并将之称为混沌学。当然，"蝴蝶效应"主要还是关于混沌学的一个比喻。现在你们知道了吧？不起眼的一个小动作也能引起一连串的巨大反应哦！

巧用圆周率破案

想必很多小朋友都知道圆周率，但是能用它来破案的人就少之又少了，而法国有位叫伽罗瓦的数学家做到了，他在仅仅21年的短暂生命里，不仅对方程的理论做出了杰出的贡献，并留下了用圆周率破案的传奇。有一天，伽罗瓦得到了一个伤心的消息，他的一位老朋友鲁柏不但被人刺死，而且家里的钱财也被洗劫一空。而女看门人告诉伽罗瓦，警察接到报案过来勘查现场的时候，看见鲁柏手里紧紧捏着半块没有吃完的苹果馅饼。女看门人怀疑，凶手一定藏在这幢公寓里，因为她一直在值班室，没有看见有人进出公寓。可是这座公寓共有四层楼，每层楼有15个房间，共居住着一百多人，去哪里找凶手呢？

伽罗瓦把女看门人提供的信息仔仔细细分析了一番：鲁柏手

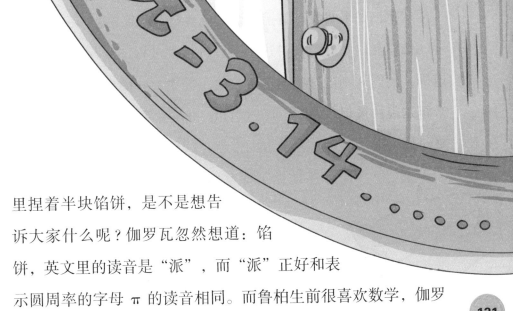

里捏着半块馅饼，是不是想告

诉大家什么呢？伽罗瓦忽然想道：馅

饼，英文里的读音是"派"，而"派"正好和表

示圆周率的字母 π 的读音相同。而鲁柏生前很喜欢数学，伽罗

瓦知道，他经常把圆周率的近似值取成 3.14 来做计算。"派"可

以联想到 3.14，鲁柏会不会是用这种方法来提示人们杀害他的凶

手的房间号正是 314 呢？

　　为了证实自己的怀疑，伽罗瓦问女看门人："314 号房间住

的是谁？"

　　"是米赛尔。"女看门人答道。

　　"这个人怎么样？"伽罗瓦追问到。

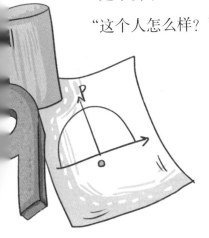

　　　　"不怎么样，又爱喝酒，又爱赌钱。"

　　　　"他现在还在房间吗？"伽罗瓦追问

得更急切了。

　　　　"不在了，他昨天就搬走了。"

　　　　"搬走了？"伽罗瓦一愣，"不好，

他跑了！"

"你怀疑是他干的吗？"女看门人也充满好奇。

"嗯，如果我没有猜错的话，他就是杀害鲁柏的凶手！"

伽罗瓦向女看门人讲述了自己的推理过程，女看门人觉得有道理，他们立刻把这些情况报告给了警察，并请求缉捕米赛尔。米赛尔很快被捉拿归案，经过审讯，他果然招认了他是凶手。原来，他因为钱财而杀害了鲁柏。就是这半块馅饼，让鲁柏在被害之际还提供了捉拿凶手的线索，帮助人们抓到了真凶。

有趣的数字春联

和顺一门有百福　　平安二字值千金　　横批：万象更新

一年四季春常在　　万紫千红花永开　　横批：喜迎新春

春满人间百花吐艳　福临小院四季常安　横批：欢度春节

百世岁月当代好　　千古江山今朝新　　横批：万象更新

喜居宝地千年旺　　福照家门万事兴　　横批：喜迎新春

一帆风顺年年好　　万事如意步步高　　横批：吉星高照

百年天地回元气　　一统山河际太平　　横批：国泰民安

春雨丝丝润万物　　红梅点点绣千山　　横批：春意盎然

一干二净除旧习　　五讲四美树新风　　横批：辞旧迎新

五湖四海皆春色　万水千山尽得辉　横批：万象更新

一帆风顺吉星到　万事如意福临门　横批：财源广进

一年四季行好运　八方财宝进家门　横批：家和万事兴

绿竹别其三分景　红梅正报万家春　横批：春回大地

年年顺景财源广　岁岁平安福寿多　横批：吉星高照

一年好运随春到　四季彩云滚滚来　横批：万事如意

丹凤呈祥龙献瑞　红桃贺岁杏迎春　横批：福满人间

五更分两年年年称心　一夜连两岁岁岁如意　横批：恭贺新春